JN225509

Building Construction Field Note

Building Construction Field Note

Building Construction Field Note〈YL〉

2019年11月20日［第1版第1刷発行］

編集——井上書院©

発行者——石川泰章

発行所——株式会社井上書院
東京都文京区湯島2-17-15 斎藤ビル
TEL:03-5689-5481 FAX:03-5689-5483
https://www.inoueshoin.co.jp

印刷所——株式会社ディグ

製本所——誠製本株式会社

装幀——川畑博昭

ISBN978-4-7530-0565-9 C3450
Printed in Japan